Ruby Daniela Mendieta Martínez

Clasificación de microorganismos en muestras de agua

Ruby Daniela Mendieta Martínez

Clasificación de microorganismos en muestras de agua

Aplicando Deep Learning en imágenes de microscopia

Editorial Académica Española

Imprint
Any brand names and product names mentioned in this book are subject to trademark, brand or patent protection and are trademarks or registered trademarks of their respective holders. The use of brand names, product names, common names, trade names, product descriptions etc. even without a particular marking in this work is in no way to be construed to mean that such names may be regarded as unrestricted in respect of trademark and brand protection legislation and could thus be used by anyone.

Cover image: www.ingimage.com

Publisher:
Editorial Académica Española
is a trademark of
International Book Market Service Ltd., member of OmniScriptum Publishing Group
17 Meldrum Street, Beau Bassin 71504, Mauritius
Printed at: see last page
ISBN: 978-620-3-03446-2

CLASIFICACIÓN DE MICROORGANISMOS EN MUESTRAS DE AGUA APLICANDO DEEP LEARNING EN IMÁGENES DE MICROSCOPIA

CLASSIFICATION OF MICROORGANISMS IN WATER SAMPLES APPLYING DEEP LEARNING IN MICROSCOPY IMAGES

[1]Ruby Daniela Mendieta Martínez,[2] Hernando Velandia, [3]Janeth González

[1,2] Ingeniería en Telecomunicaciones, [3]

[1,2,3] Universidad de Pamplona

Pamplona, Colombia

[1]danimen0911 @gmail.com

Tabla de contenido

Agradecimientos

Dedico esta publicación a mi alma mater la universidad de pamplona, claustro educativo que enorgullece la educación pública en Colombia y en donde fui formada con la mayor dedicación y esfuerzo por parte de mis profesores, a quienes les debo todo el bagaje de conocimiento que llevo conmigo, a mis compañeros que me acompañaron estos años de estudio y con quienes construí bases para desarrollar este proyecto de grado.

A Dios y mi familia que es mi mayor admiración, especialmente a mi madre querida Nohora del Carmen Martínez que aunque me ha tenido que acompañar desde lejos no ha dejado de creer en mí, quien nunca ha desfallecido, ni cuando nos faltó dinero, ni cuando creí que no iba a ser capaz de sacar adelante este compromiso con ella; a mis hermanos Juan Carlos Plata, Susana Andrea Plata y Cesar Alejandro Mendieta y demás familia que también me han impulsado en este proceso que ya hoy termina; pero sobre todo a mi padre Roque Mendieta, quien me cuida desde el cielo, hombre sabio, trabajador, luchador, de hermosa sonrisa, quien nunca a pesar de haberme dejado desde muy niña me ha desamparado, a quien le debía formarme como profesional y salir adelante para cuidar de mi madre, a quien en silencio le oro todas las noches pidiéndole que me guie por caminos rectos y me ayude a tener la fuerza suficiente para ser una profesional exitosa y una mujer feliz.

A todos ellos muchas gracias

2. Resumen

Los microorganismos son los seres más primitivos y numerosos de la tierra, colonizan ambientes como agua, aire y suelo; interactúan en todos los ecosistemas y se relacionan de manera continua con animales, plantas y el hombre. Estos son observados a través de microscopios los cuales basados en potentes lentes pueden magnificar su identificación. Dentro de este importante marco de referencia muchas disciplinas han contribuido de manera fundamental en su análisis y estudio, entre ellas tenemos el procesamiento digital de imágenes de microscopía. Con base en este punto de vista en el presente artículo se implementa una metodología que permite identificar y clasificar microorganismos presentes en muestras de agua, principalmente *cianobacterias, tardígrado, entamoeba coli, rizópodo*. La toma de las muestras de agua se efectuó en el rio pamplonita en el tramo del terminal de transporte y el puente Chichira del municipio de Pamplona. Las imágenes se obtuvieron en el laboratorio de control de calidad de la Universidad de Pamplona, se usó un microscopio óptico y una exploración en atlas de microbiología para determinar con exactitud el tipo de microorganismo encontrado en las muestras. Se aplicó una etapa de pre procesamiento para determinar la data a entrenar, aplicando un filtro paso alto, realce de contraste ventana y nivel y la data cruda, con porcentajes de clasificación de 27,08%, 42% y 52% respectivamente. Se usó una técnica de clasificación conocida como Deep Learning y Regiones con Redes Neuronales Convolucionales. El objetivo principal de estas herramientas es apoyar la labor que realizan los especialistas diariamente en detección y clasificación de microorganismos. Los resultados obtenidos en la etapa de validación fueron revisados por el especialista alcanzando un 95.65% de eficiencia en el proceso de clasificación. Así mismo se realizó una validación con una máquina de soporte vectorial obteniendo un porcentaje de clasificación de 84%.

Palabras Claves

Clasificación de microorganismo, Deep Learning, Imágenes de Microscopia, Muestras de agua, Procesamiento de imágenes, Red neuronal convolucional.

Abstract

Microorganisms are the most primitive and numerous beings on earth; they colonize environments such as water, air and soil; they interact in all ecosystems and relate continuously to animals, plants and humans. These are observed through microscopes which, based on powerful lenses, can magnify their identification. Within this important frame of reference many disciplines have contributed in a fundamental way in its analysis and study, among them we have the digital processing of microscopy images. Based on this point of view, the present article implements a methodology that allows the identification and classification of microorganisms present in water samples, mainly cyanobacteria, late degrees, entamoeba coli, rhizopod. The water samples were taken from the Pamplonite river in the section of the transport terminal and the Chichira bridge in the municipality of Pamplona. The images were obtained in the quality control laboratory of the University of Pamplona, an optical microscope was used and an exploration in microbiology atlases to determine exactly the type of microorganism found in the samples. A pre-processing stage was applied to determine the data to be trained, applying a high pass filter, window and level contrast enhancement and raw data, with classification percentages of 27.08%, 42% and 52% respectively. A classification technique known as Deep Learning and Regions with Convolutional Neural Networks was used. The main objective of these tools is to support the work performed by specialists in the daily detection and classification of microorganisms. The results obtained in the validation stage were reviewed by the specialist, reaching 95.65% efficiency in the classification process. Likewise, a validation was carried out with a vectorial support machine, obtaining a classification percentage of 84%.

Keywords

Microorganism classification, Deep Learning, Microscopy images,

Water samples, Image processing, Convolutional neural network.

1. Introducción

Bacterias, protozoos hongos y virus, organismos microscópicos capaces de crecer, alimentarse y reproducirse, característicos por su morfología cultivo y composición bioquímica. La presencia de estos microorganismos en el agua implican un riesgo en la salud, viéndose afectada y vulnerada al contraer enfermedades trasmitidas por este medio. Las enfermedades transmitidas por el agua son provocadas por su consumo que contiene generalmente restos de heces fecales, orina y existencia de microorganismos patógenos [1]; La presencia de cianobacterias y rizópodos en el agua es una causal de enfermedades diarreicas al ser consumida, viéndose afectados con un rango de síntomas incluyendo vómitos, diarrea, náuseas, fiebre y dolores musculares [2]. Por otro lado, el entamoeba coli es un organismo no patógeno, es decir, son seres pluricelulares que se encuentran habitualmente en individuos sanos, no producen ningún tipo de enfermedades, y se caracterizan por competir con los microorganismos patógenos por los nutrientes [3].

Así mismo, el tardígrado es una especie única dentro del reino animal resistente a situaciones extremas como altas temperaturas, exposición a rayos X y capaces de sobrevivir por mucho tiempo. En la actualidad son objetos de estudio debido a sus características particulares [4].Cifras obtenidas por la organización mundial de la salud en el año 2018 revelan que las enfermedades diarreicas son la segunda mayor causa de muerte de niños menores de cinco años [5]. Agua de mala calidad, ocasiona el 71,6% de las muertes por enfermedades diarreicas agudas en Colombia, que afectan principalmente a menores de 5 años y mayores de 60 años, esto concluye el estudio realizado por el observatorio Nacional de salud (ONS) del instituto Nacional de salud (INS) [6]. De acuerdo con el instituto departamental de salud (IDS) Norte de Santander [7]; De los 40 municipios del departamento, Cúcuta aporta el 64,4% de los casos, seguido de Ocaña, Villa del Rosario, Pamplona [7]. Basados en la problemática relacionada anteriormente, este artículo presenta una herramienta de apoyo al personal del laboratorio de Control de Calidad de La Universidad de Pamplona y todos los profesionales en formación y forjados en el área de interés, quienes podrán identificar y clasificar el conjunto de microorganismos mencionados con una mayor rapidez y precisión; en la mayoría de los casos este tipo de procesos se realizan de manera manual, implicando mayor tiempo y desgaste por parte del profesional.

A nivel de antecedentes, Correa et al [8]; en el año 2017 aplicaron una técnica de aprendizaje profundo para la clasificación de micro algas con imágenes de baja resolución adquiridas por un analizador de partículas. Así mismo, Kosov et al [9]; en el año 2018 propusieron un motor de clasificación de microorganismos ambientales que puede analizar automáticamente imágenes microscópicas utilizando campos aleatorios condicionales (CRF) y redes neuronales de convolución profunda, los resultados experimentales mostraron el 94.2% de la precisión de la segmentación general y el 91.4% del promedio de precisión de los resultados.

El presente artículo es relevante ya que la red neuronal se entrenó sin aplicarle ningún tipo de pre procesamiento a las imágenes, lo que hace que el sistema sea más robusto e inteligente. Con el número de imágenes aplicadas al proceso de clasificación no fue necesario entrenar la red con iteraciones mayores a 500, lo que implica menor tiempo y desgaste de la máquina, obteniendo resultados mayores al 90% de clasificación. Es importante mencionar que la data se trabajó cruda debido a que fue sometida a unas técnicas de pre procesamiento y un entrenamiento obteniendo un nivel de clasificación mayor con estas imágenes, es decir que este tipo de imágenes es recomendable trabajarlas así, conservando sus características.

Finalmente, el presente artículo a nivel estructural expone en la sección 2 una breve descripción del equipo y del proceso de adquisición de las imágenes, las secciones 3 y 4 por su parte relacionan todos los detalles metodológicos del trabajo, terminando con las etapas de resultados, validación y conclusiones.

2. Materiales y Métodos

2.1 Adquisición de la base de datos

Inicialmente, se ejecutó un proceso de selección de muestras con la finalidad de obtener la más amplia representación de organismos microscópicos presentes en el agua contaminada. Se realizaron 5 visitas en distintos sectores del rio Pamplonita. Las muestras se tomaron en días diferentes lo que indica factores climáticos variantes.

En la Fig.1 se observa la tonalidad de las muestras de agua tomadas en la zona del rio mencionada anteriormente, Así mismo en la Fig 1.2 se aprecia el lugar donde se tomaron las muestras más representativas, ya que era el sitio con mayor profundidad del rio.

Fig.1. COLORES DEL AGUA EN LAS TOMAS QUE SE REALIZARON

Fig.1.2. LUGAR DE LA TOMA DE MUESTRAS

Las imágenes microscópicas seleccionadas para la ejecución del trabajo fueron tomadas mediante la cámara de un celular Huawei P20 Lite con una resolución de 16 Megapíxeles. En total se registraron 273 imágenes pertenecientes a cuatro tipos de microorganismos. Se empleó el 60% de las imágenes para el proceso de entrenamiento, el 20% para el test y el restante para la validación. La dimensión de las imágenes microscópicas utilizadas es de 512X712. Para la visualización y captura de las muestras obtenidas, se utilizó el Microscopio óptico Zeiss Primo Star, que consiste de una fuente de electrones que son acelerados a gran velocidad impactando con la muestra, algunos de estos electrones son reflejados y otros atraviesan la muestra; con este proceso, en el detector es posible reconstruir una imagen microscópica. Las partes principales que lo componen son mostradas en la Fig. 2. El instrumento óptico se manipuló en el laboratorio de Control de Calidad de La Universidad de Pamplona. Los recipientes donde se recolectaron las muestras de agua contaminada fueron sometidos a un proceso de esterilización, lo que implica que el análisis se realizó a los microorganismos presentes en el agua y no en los del recipiente.

Fig 2. MICROSCOPIO ZEISS PRIMO STAR: (A) OCULAR. (B) REVÓLVER. (C) PLATINA. (D) FOCO. (E) OBJETIVO, (F) TORNILLO NANOMÉTRICO, (G) TORNILLO MICROMÉTRICO.

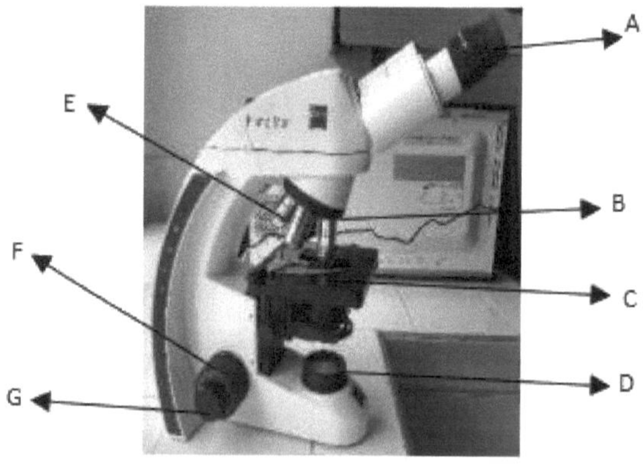

3. Desarrollo del proceso

La metodología desarrollada emplea la técnica de detección de objetos usando Deep Learning y R-CNN (Regiones con redes neuronales convolucionales). Para la clasificación de microorganismos se utilizó una red neuronal convolucional (CNN) a través de las siguientes etapas:

Fig. 3. METODOLOGÍA EMPLEADA

3.1 Pre- Procesamiento

En el pre-procesamiento de las imágenes se aplicaron unas técnicas iniciales para el ajuste y preparación de la base de datos. El objetivo es realzar el objeto a identificar, ya que en las imágenes microscópicas hay presencia de impurezas y material orgánico.

3.1.2 Realce de contraste

3.1.2.1 Método ventana/nivel

Es una técnica que permite transformar las componentes de escala de gris de las imágenes con el fin de visualizar los microorganismos a estudiar. Matemáticamente la técnica de realce de contraste por ventana y nivel se expresa en la ecuación 1.

$$Realce = (i,j) = \left(\frac{(Valor\ pixel(i,j) - Vmin)}{(Vmax - Vmin)} * 255 \right) \tag{1}$$

De la expresión anterior, se puede deducir lo siguiente (ver figura 4): si los pixeles de las imágenes originales poseen un valor en escala de gris por debajo del límite inferior de la ventana en este caso (150), entonces el valor del pixel de la nueva ilustración será cero (0), que para este caso representa el color negro, en caso contrario, cuando el valor supera el límite superior de la ventana, es decir (160), el nuevo pixel obtiene el valor de doscientos cincuenta y cinco (255) que se representa con el color blanco. Para todos aquellos pixeles cuyo nivel en escala de grises de 8 bits, se encuentre en el rango que comprende el interior de dicha ventana, se procede a aplicar la ecuación 1.

Fig 4. REALCE DE VENTANA Y NIVEL

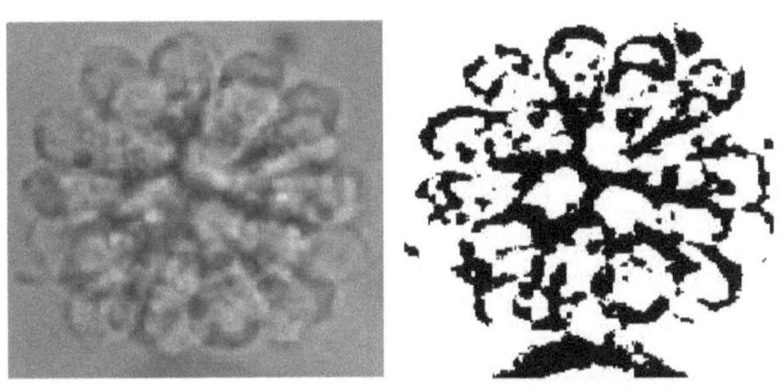

3.1.2.2 Filtro Paso Alto

Los filtros paso alto, también conocidos como filtros de realce, se usan para resaltar las zonas de mayor variabilidad eliminando lo que sería la componente media [10]. La Figura 5 muestra la aplicación de un filtro paso alto, donde se modifican las características o atributos de la imagen microscópica con el propósito de minimizar las posibles imperfecciones presentes en la imagen de entrada.

Fig 5. FILTRO PASO ALTO

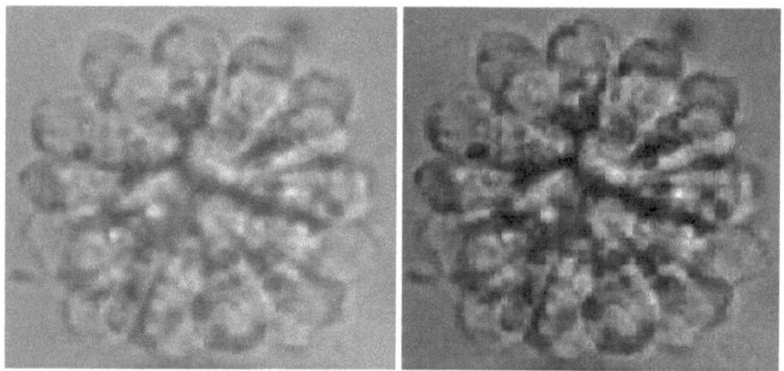

4. Extracción de patrones para imágenes de Microscopia

Se entrenó un detector de objetos R-CNN (regiones con redes neuronales) para localizar microorganismos presentes en muestras de agua contaminada. Para ello, se utilizó una red neuronal convolucional CNN para la clasificación de patrones en cada imagen. El patrón se obtuvo a partir de la aplicación Imagen Labeler donde efectuó el etiquetaje de las regiones de interés (ROI) Fig. 6; obteniendo los patrones que contengan un microorganismo y exportándolas a la red de entrenamiento en forma de tablas que contienen información sobre el etiquetado de las imágenes microscópicas. Las imágenes se entrenaron sin aplicarle una etapa de pre-procesamiento con un tamaño de 512X712.

Fig. 6. IMAGE LABELER: IMAGEN ETIQUETADA

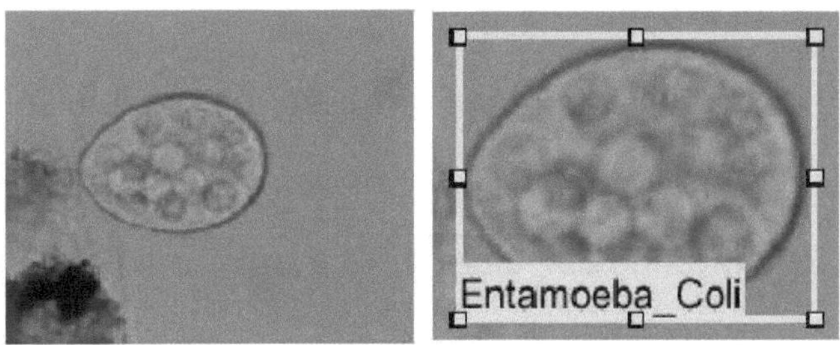

Una vez seleccionada las imágenes, se procede a efectuar la clasificación, para ello se utilizó una red neuronal convolucional (CNN o ConvNet) que es un algoritmo basado en Deep Learning que usa la detección de patrones en imágenes para reconocer objetos dentro de la misma. Este método permite clasificar las características extraídas de la imagen y determinar la clase especifica. En este trabajo se seleccionaron cuatro categorías denominados *cianobacteria, Rizópodo, Entamoeba Coli y Tardígrado.* La base de datos se divide en tres grupos: Entrenamiento, test, y validación.

Se prueban los resultados con la data de entrenamiento y luego se evalúan los errores con el grupo de test. Los datos ciegos (validación) se ingresan a la red clasificando los cuatro tipos de microorganismos entrenados. Los datos de entrenamiento se ingresaron a la red en una tabla que contiene el nombre del microorganismo y las etiquetas exportadas de ROI (retorno de la inversión).

En este trabajo se realizaron tres procesos de convolución, los dos primeros de 32 filtros y el tercero de 64 con un tamaño de 5X5, y un paso de (2,2) indicando que tanto se va a ir recorriendo el filtro a lo largo de la imagen, en este caso se recorre de dos pixeles en dos pixeles.

5. Clasificación

5.1   Red Neuronal Convolucional

Las redes neuronales se definen como un conjunto de elementos de procesamiento de la información altamente interconectados, que son capaces de aprender con la información dada. Las redes neuronales tratan de emular el sistema nervioso, de forma que son capaces de reproducir algunas de las principales tareas que desarrolla el cerebro humano. Actualmente presenta una variedad de tipos, tales como: Perceptrón simple, Hopfield, Perceptrón multicapa, Red competitiva, Redes de base radial entre otros. En el trabajo se utilizó la red neuronal convolucional CNN debido a que cada vez son más profundas y extensas mejorando su rendimiento y eliminando la necesidad de extraer las características manualmente. Una arquitectura típica de CNN incluye varias capas distintas que transforman la entrada en la salida. Comúnmente los tres tipos de capas de una red neuronal convolucional se definen en la capa convolucional, Capa de pooling, y capa totalmente conectada [12];[12];[13].

6. Máquinas de Soporte Vectorial

Una máquina de soporte vectorial (SVM) es un algoritmo de aprendizaje profundo utilizado para la regresión binaria y para clasificación como en el caso de este artículo. Las SVM se basan en un hiperplano óptimo que divide un conjunto de datos en dos clases, maximizando el margen de separación entre las dos clases en los datos.
Para encontrar el hiperplano utiliza el producto punto con funciones en el espacio de características llamadas Kernels. [14]; [15].

7. Resultados

Se realizó el entrenamiento de la red aplicando las dos técnicas de realce mencionadas anteriormente y con la data cruda. Esto se hizo para determinar con cual técnica se iba a trabajar para la clasificación de microorganismos. Se seleccionaron 500 imágenes para entrenar,

50 para validar. Los hiperparametros utilizados fueron: 100 Épocas, 62 mini lotes y 0.03 Negative Overlap Range. El tiempo de entrenamiento oscilo entre 2 – 3 horas. En la Fig 7 se expresan los porcentajes de clasificación aplicando las técnicas mencionadas anteriormente en el artículo, donde se evidencia el mayor porcentaje de clasificación trabajando con la data cruda. De igual modo, en la tabla I se muestra los porcentajes de error y exactitud por microorganismo.

Fig 7. PORCENTAJES DE CLASIFICACIÓN APLICANDO TÉCNICAS DE REALCE

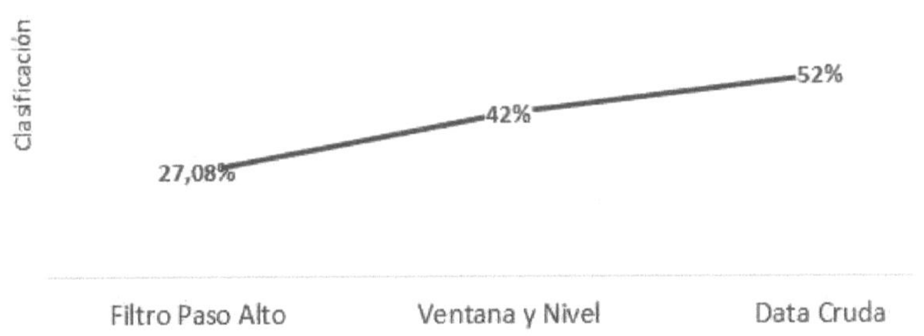

Tabla I

RESULTADOS DE CLASIFICACIÓN POR MICROORGANISMO

TÉCNICA	Microorganismo	%Clasificación	% Error
Realce Ventana - Nivel	Cianobacteria	83.33%	16%
	Entamoeba Coli	100%	0%
	Tardígrado	38.8%	61.11%
	Rizópodo	42%	58%

TÉCNICA	Microorganismo	%Clasificación	% Error
Filtro Paso Alto	Cianobacteria	14.28%	85.71%
	Entamoeba Coli	100%	0%
	Tardígrado	0%	100%
	Rizópodo	7.14%	92.85%

TÉCNICA	Microorganismo	%Clasificación	% Error
–Data Cruda	Cianobacteria	8.33%	91%
	Entamoeba Coli	100%	0%
	Tardígrado	73.33%	26.66%
	Rizópodo	16.66%	83.33%

Al obtener los resultados de clasificación de las tres técnicas aplicadas, se decidió trabajar con la data cruda debido a que fue el mayor porcentaje de clasificación, con esto se conservan todas las características de las imágenes microscópicas.

En la tabla II se aprecian los hiperparametros establecidos para el entrenamiento de la red neuronal y las variaciones realizadas. Una de esas fue el incremento de las imágenes alrededor del doble de las entrenadas inicialmente, esto se aplicó al revisar los porcentajes mostrados después de cada entrenamiento; donde las imágenes que no reconocía la máquina se incrementaron significativamente para obligar a la red a aprender lo deseado. También la variación de los mini lotes y las iteraciones lograron aumentar el porcentaje de imágenes clasificadas. Se logró un 88.5% de clasificación. El tiempo de entrenamiento osciló entre 22 y 45 horas. En la Fig. 8 se muestra la gráfica con los porcentajes de clasificación obtenidos en la etapa de entrenamiento, se grafican diez porcentajes, es decir, un porcentaje de clasificación por un número de entrenamiento.

Tabla II

RESULTADOS DE CLASIFICACIÓN PARA LA ETAPA DE ENTRENAMIENTO

Entrenamiento	Imágenes totales entrenadas	MaxEpochs	MiniBatchSize	Negative Overlap Range	%Clasificación	% Error
1	5789	200	32	0 0.3	70	30
2	5789	100	62	0 0.3	72	28
3	5789	50	62	0 0.3	87.2	12.8
4	10280	100	62	0 0.3	83.95	16.05
5	10289	100	122	0 0.3	83.95	16.05
6	10280	500	62	0 0.3	88.08	11.92
7	10280	300	62	0 0.3	68.4	31.6
8	10280	100	122	0 0.015	83.7	16.3
9	10280	100	16	0 0.015	83	17
10	10280	100	62	0 0.015	88.5	11.5

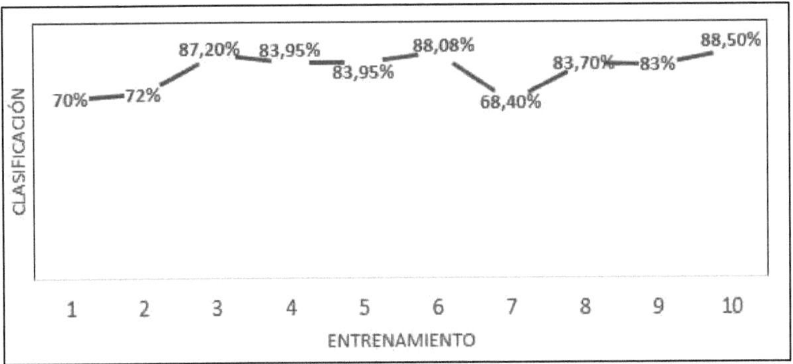

Con el fin de evaluar la fiabilidad de la etapa de entrenamiento, se ingresaron las imágenes seleccionadas para el proceso de Test o prueba, estas son desconocidas para la red, lo que indica el nivel de entrenamiento de la misma para clasificar imágenes diferentes a las entrenadas. La robustez de la red se evaluó al ingresar las de test y determinar el porcentaje de clasificación y error de las imágenes desconocidas por la red en esta etapa como se muestra en la tabla III. A manera de ilustración, en la Fig.9 se muestra alguna de las imágenes sometidas al proceso de Test. El MiniBatchSize se elige de acuerdo al tamaño de las imágenes seleccionadas, en este caso todas ellas son del mismo tamaño, lo que permitió elegir este valor mayor a uno (1), esto permite reducir el tiempo de entrenamiento.

El NegativeOverlapRange indica que las muestras de entrenamiento negativo son aquellas que se superponen de 00.015, las regiones que se superponen con los cuadros delimitadores se utilizan como muestras de entrenamiento negativo. El valor de MaxEpochs establece el número máximo de épocas que fueron utilizadas en el proceso de entrenamiento.

Fig.9. (A, B, C, D, E, F, G, H) MICROORGANISMOS SOMETIDAS AL PROCESO DE TEST

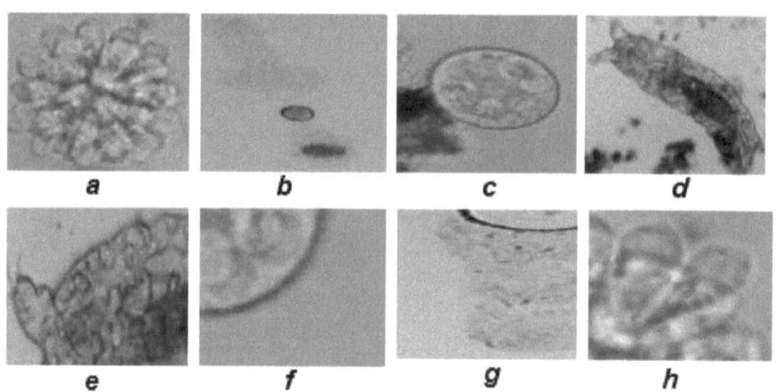

Tabla III

RESULTADOS DE CLASIFICACIÓN PARA LA ETAPA DE TEST

Test	Imágenes totales entrenadas	MaxEpochs	MiniBatchSize	Negative Overlap Range	%Clasificación	% Error
1	5789	200	32	0 0.3	73.24	26.76
2	5789	100	62	0 0.3	84.33	15.67
3	5789	50	62	0 0.3	89.9	10.1
4	10280	100	62	0 0.3	84.84	15.16
5	10289	100	122	0 0.3	88.8	11.2
6	10280	500	62	0 0.3	92.14	7.86
7	10280	300	62	0 0.3	74.86	25.14
8	10280	100	122	0 0.015	93.98	6.02
9	10280	100	16	0 0.015	90.7	9.3
10	10280	100	62	0 0.015	94.117	5.833

Los porcentajes de clasificación en la etapa de Test o prueba se muestran en la Fig.10, donde se refleja la variación al incrementar el número de Iteraciones y de hiperparametros Tabla III. El mejor porcentaje se obtuvo en el entrenamiento número diez, donde se logró un 94.12% de clasificación.

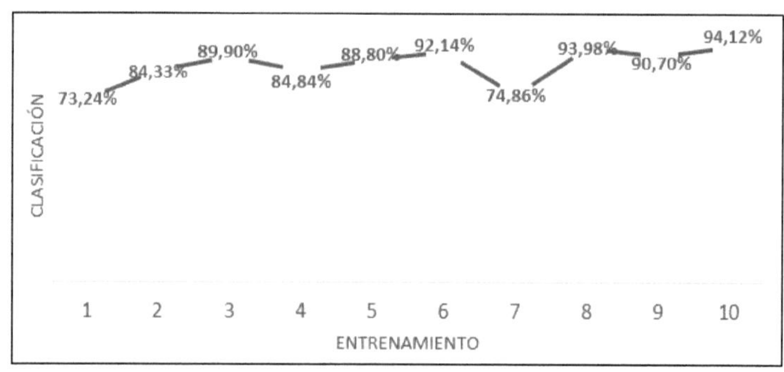

Fig.10. PORCENTAJES DE CLASIFICACIÓN ETAPA DE PRUEBA

8. Validación

Con los resultados de clasificación de la etapa de Test se probaron varias redes entrenadas en la etapa mencionada anteriormente, eligiendo la red cuyos parámetros son: MaxEpochs 100, 62 MiniBatchSize y un valor de 00.015 para el NegativeOverlapRange. La elección se basó en el porcentaje menor de error de todas las redes entrenadas y probadas con las imágenes de test. Una vez seleccionada la red, se procede a efectuar la última etapa propuesta en este trabajo, la etapa de Validación. Para ello se ingresaron las imágenes de test rotadas a unos ángulos de 90° y 270° respectivamente Fig.11. Estas imágenes se conocen como imágenes ciegas, ya que la red no tiene conocimiento de esto.

Fig 11. (A, B, C, D) IMAGENES ROTADAS A 90°. (E, F, G, H) IMAGENES ROTADAS A 270°

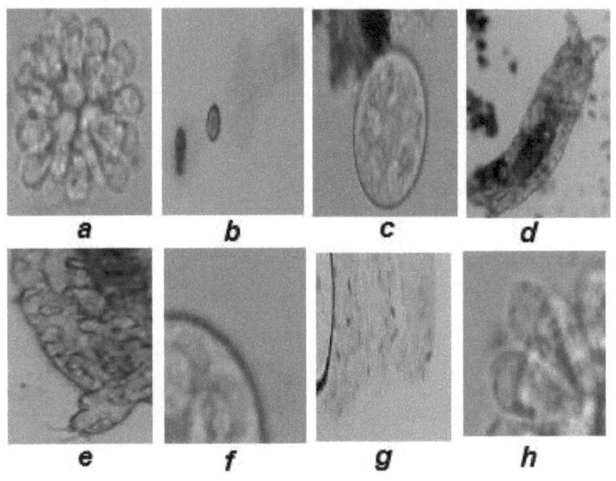

El porcentaje de clasificación en la etapa de validación y el error se obtuvo en este proceso. La comparación se aprecia en la fig. 12. Donde se muestra la variación de porcentajes en los procesos de entrenamiento, prueba y validación.

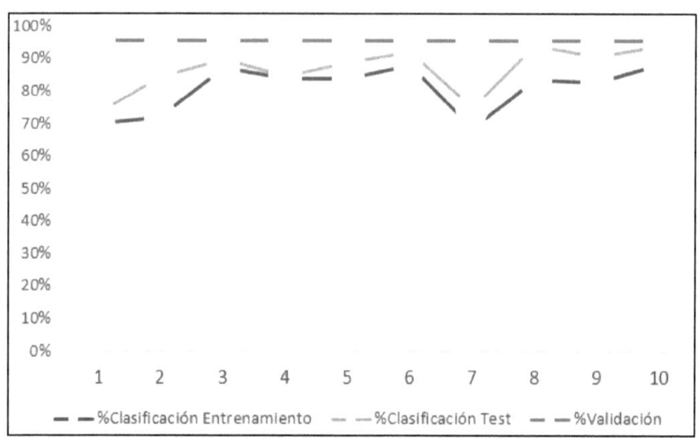

El tardígrado, cianobacteria, entamoeba coli y rizópodo mostraron un porcentaje de 0.999996, 0.999868, 1.000000, 0.998586 respectivamente. Estos valores varían entre 1 y 0, indicando la confianza en la detección del microorganismo, también se utiliza para ignorar las detecciones que muestran puntajes bajos.

La clasificación de la red neuronal convolucional se puede ver en las imágenes de la Fig. 13, donde se ve el trabajo realizado por la red a la hora de determinar el microorganismo exacto. De acuerdo a estos resultados, se realizó una validación extra, donde se tomaron algunas imágenes capturadas en el proceso de adquisición de la Data, estos microorganismos presentes en las muestras de agua contaminada no hacen parte de los cuatro que se estudiaron en este caso Fig.14.

Fig.13. RESULTADO DE LA CLASIFICACIÓN

a   b   c   d

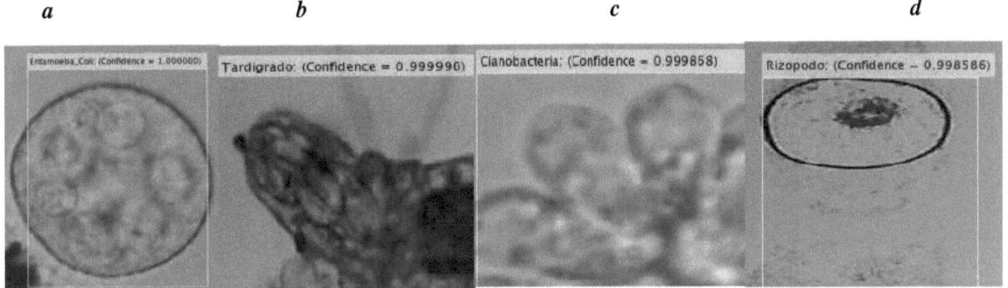

A continuación, se presentan las imágenes extras validadas para corroborar la robustez del aprendizaje de la red neuronal en la clasificación de imágenes microscópicas.

FIG.14.RESULTADOS DE LA CLASIFICACIÓN DE IMÁGENES MICROSCOPICAS DIFERENTES

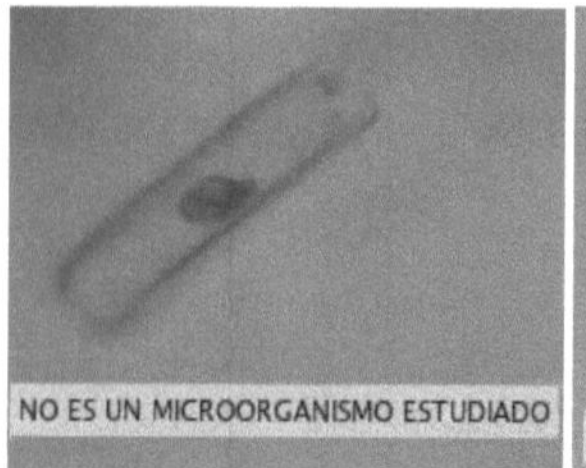

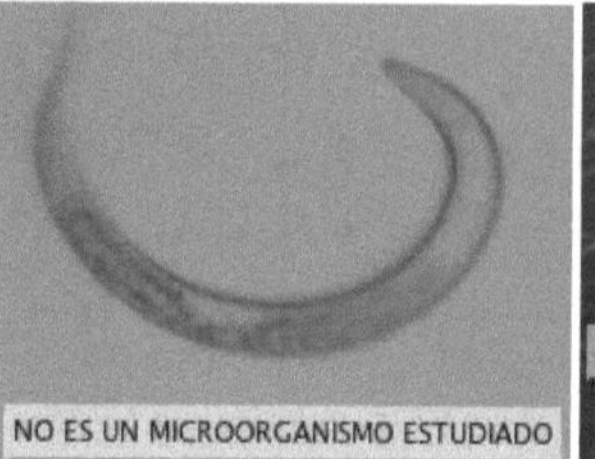

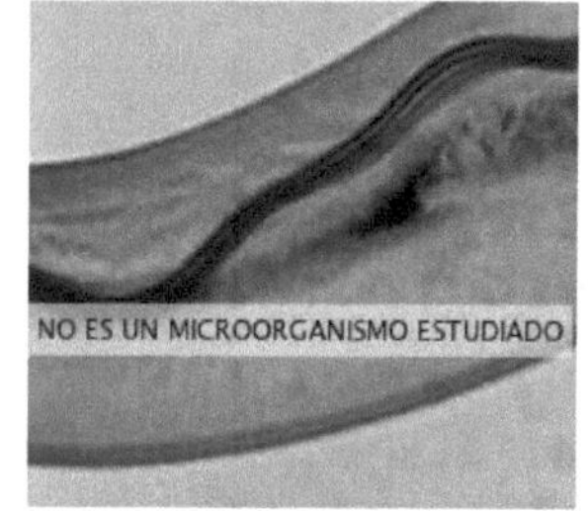

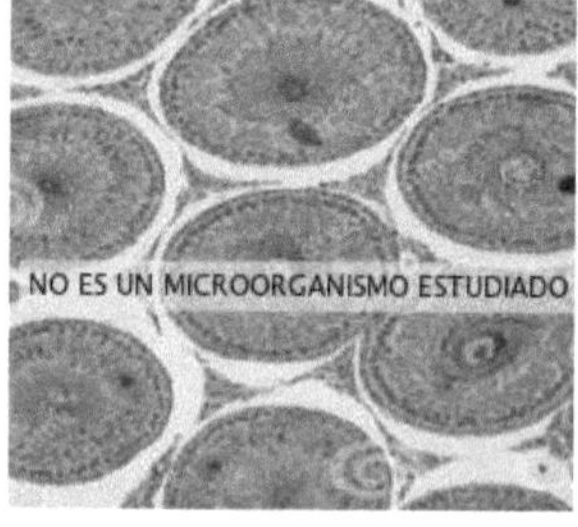

Los resultados obtenidos en la etapa de validación fueron revisados por el especialista en el área quien corroboró esto de manera visual; los cuales mostraron un 95.65% de eficiencia en el proceso de clasificación y un 4.34% de error. Los porcentajes de error por microorganismo en la validación son los siguientes: *Cianobacteria* 25%, *Tardígrado* 15%, *Rizópodo* 20% y *entamoeba Coli* 9.5% de error, con un número de imágenes de 8, 40,25 y 42 respectivamente.

Con el fin de medir el error de clasificación y el criterio del especialista se calculó una estimación mediante la siguiente expresión:

$$\%Error = \left|\frac{MT-MC}{MT}\right| * 100\% \qquad (2)$$

Donde:

MT =Total de imágenes seleccionadas

MC=Imágenes clasificadas

Otra forma de validar el rendimiento de la red neuronal empleada, fue a través de una Máquina de Soporte Vectorial con 80 imágenes, donde, 60 se seleccionaron para entrenamiento y 20 para la clasificación, obteniendo un 84% de efectividad. La gráfica 15 refleja los porcentajes de clasificación de Deep Learning y SVM y los porcentajes de clasificación por microorganismos en las dos técnicas aplicadas.

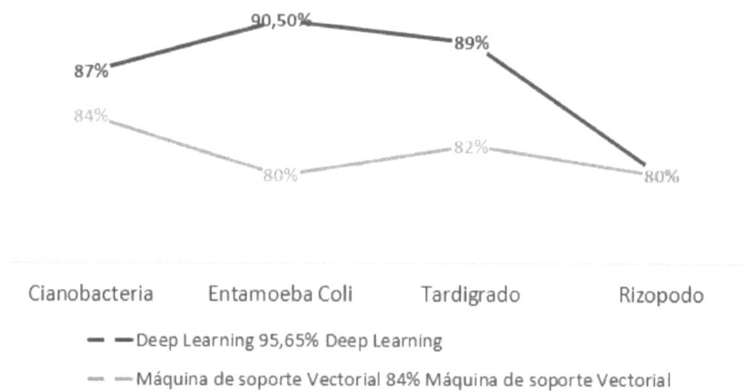

9. Discusión y Conclusiones

La metodología planteada mostró ser capaz de reconocer
microorganismos presentes en muestras de agua, con una efectividad
del 95.65%. Se generó una base de datos a partir de muestras de agua
tomadas en el rio Pamplonita determinando cuatro tipos de
microorganismos. Se realizó el etiquetado manualmente de 10280
imágenes detectando regiones de interés en las imágenes
microscópicas. Se comprobó que alterando los hiperparametros de la
red neuronal y realizando múltiples pruebas se logra la clasificación

de objetos con un porcentaje de efectividad considerable. Al trabajar con Deep Learning es necesario contar con una base de datos elevada, ya que con esto se garantiza un buen entrenamiento y aprendizaje de la red neuronal. Así mismo en este sistema el microorganismo con mayor complejidad en la detección es la *cianobacteria*, con un porcentaje de 75% y el microorganismo con mayor efectividad de la detección fue el *entamoeba Coli*, con un porcentaje de 90.47%. Es importante resaltar que la confianza en el proceso de detección y clasificación presenta un porcentaje mínimo de 0.998586, para el microorganismo Rizópodo, esto debido a que es el microorganismo con mayor dificultad en la detección. Así mismo, aunque el entrenamiento la red presente un porcentaje de error de clasificación de 11.5%, en el proceso de validación su porcentaje de error fue de 5.83 para un total de 10280 imágenes, razón por la cual se puede decir que el sistema tiene una buena generalización de las técnicas de inteligencia artificial usada y que permite la clasificación de los microorganismos. Por otro lado, es importante mencionar que este sistema permite a los expertos sostener un análisis más preciso y con mayor velocidad que el realizado de manera manual y tradicional aportando de modo importante en la correlación de enfermedades en niños y adultos. El tiempo de ejecución como se menciona en el artículo supero las 22 horas, razón por la cual se recomienda usar un sistema capaz de procesar información en paralelo. Finalmente se menciona que el sistema es capaz de detectar en la imagen un microorganismo desconocido, esto con el propósito de entrenar nuevamente la red e incluir la nueva categoría y de esta manera tener un sistema escalable y adaptable a cambios en las imágenes. Del mismo modo se concluye que Deep Learning en este contexto es una técnica robusta, ya que se comparó con una máquina de soporte vectorial obteniendo un porcentaje de diferencia mayor al 10%.Las máquinas de soporte vectorial requieren un tiempo mínimo para su entrenamiento, pero las imágenes deben estar sometidas a un proceso de vectorización y pre procesamiento para obtener mejores resultados. Con Deep Learning el entrenamiento dura mayor tiempo debido a la extracción de características que realiza en sus capas profundas.

Como trabajo futuro, a corto plazo se pretende clasificar muchos más tipos de microorganismos y en diferentes ambientes como potables y comercializados, también es importante destacar que este tipo de trabajos se pueden extrapolar a estudios o análisis en células sanguíneas, entre otros.

10. Referencias

[1] X. Xu, C. Wu and D. Ning, "Detection Analysis of Pathogenic Organisms in Municipal Sewage with PCR-Based 16S rDNA Technique," *2010 4th International Conference on Bioinformatics and Biomedical Engineering*, Chengdu, 2010, pp. 1-4. doi: 10.1109/ICBBE.2010.5518027

[2] G. J. Tortora, B. R. Funke y C. L. Case, Introducción a la Microbiologia, vol. 9a, Argentina: Médica Panamericana, 2007, p. 959.[3] D. L. Heymann, Ed., El Control de las enfermedades transmisibles, 18a ed., Pan American Health Org,, 2005, p. 807.

[3] J. p. w, «Microbiologia quimica y enfermedades infecciosas,» pp. 17-21, 2009.

[4] J. E. M. Tobar, «Evaluación de la aplicación de tardigrados para reducir el desarrollo de bacterias fitopatogenas cultivadas in vitro,» Universidad técnica de ambato, Ecuador, 2016.

[5] «Organización mundial de la salud,» OMS, 14 junio 2019. [En línea]. Available: https://www.who.int/es/news-room/fact-sheets/detail/drinking-water. [Último acceso: 25 Junio 2019]

[6] J. Uribe, M. Ospina y E. Martinez, «Carga de enfermedad ambiental en Colombia,» ISSN: 2346-3325, Bogotá, 2018.

[7] «Más de 30.000 casos de diarrea aguda en Norte de Santander,» *La opinion,* pp. 1-2, 6 julio 2017

[8] I. Correa, P. Drews, S. Botelho, M. S. de Souza and V. M. Tavano, "Deep Learning for Microalgae Classification," *2017 16th IEEE International Conference on Machine Learning and Applications (ICMLA),* Cancun, 2017, pp. 20-25. doi: 10.1109/ICMLA.2017.0-183

[9] S. Kosov, K. S. hirahama, C. Li y M. Grzegorzek, «Clasificación de microorganismosambientales utilizando campos aleatorios condicionales y redes neuronales convolucionales profundas,» *ScienceDirect,* vol. 77, pp. 248-261, 2018.

[10] L. á. Silva y S. Lizcano, «Evaluación del estado de maduración de la piña en su variedad perolera mediante técnicas de visión artificial,» *ITECKNE,* vol. 9, pp. 31-41, Julio 2012.

[11] P. Nevavuori, N. Narra y T. Lipping, «Predicción del rendimiento de los cultivos con redes neuronales convolucionales profundas,» *ScienDirect,* vol. 163, 2019.doi: 10.1016/j.compag.2019.104859

[12] M. Kozłowski, P. Górecki y P. M. Szczypiński, «Clasificación varietal de cebada por redes neuronales convolucionales,» *ScienceDirect,* vol. 184, pp. 155-165, 2019.

[13] J. Zhou, D. Xiao and M. Zhang, "Feature Correlation Loss in Convolutional Neural Networks for Image Classification," *2019 IEEE 3rd Information Technology, Networking, Electronic and Automation Control Conference (ITNEC)*, Chengdu, China, 2019, pp. 219-223. doi: 10.1109/ITNEC.2019.8729534

[14] G. Colmenares, «MÁQUINA DE VECTORES DE SOPORTE,» de *Inteligencia Artificial Maquinas de vectores de soporte*, pp. 1-11.

[15] G. Betancour, «Las maquinas de soporte vectorial (SVMs),» *Scientia et Technica,* pp. 67-72, Abril 2005.

Printed by Books on Demand GmbH, Norderstedt / Germany